ISSN 0371-327X

SITZUNGSBERICHTE DER SÄCHSISCHEN AKADEMIE
DER WISSENSCHAFTEN ZU LEIPZIG

Mathematisch-naturwissenschaftliche Klasse
Band 115 · Heft 5

HERBERT KRUG

DIE TECHNOLOGIE DER BRIKETTIERUNG VON WEICHBRAUNKOHLE IM LICHTE DER VERFAHRENSTECHNIK UND DER BESSEREN NUTZUNG DIESES ENERGIETRÄGERS

Mit 13 Abbildungen

AKADEMIE-VERLAG · BERLIN
1982

SITZUNGSBERICHTE DER SÄCHSISCHEN AKADEMIE DER WISSENSCHAFTEN ZU LEIPZIG

MATHEMATISCH-NATURWISSENSCHAFTLICHE KLASSE

Band 109

Heft 1 Prof. Dr. Erich Rammler, Über die Theorien der Braunkohlenbrikettentstehung 1970. 38 Seiten – 13 Abb., davon 2 auf 2 Tafeln – 8° – M 4,–

Heft 2 Prof. Dr. Wolfgang Tutschke, Stammfunktionen komplexwertiger Funktionen 1970. 20 Seiten – 8° – M 3,70

Heft 3 Dr. habil. Günther Eisenreich, Zur Syzygientheorie und Theorie des inversen Systems perfekter Ideale und Vektormodule in Polynomringen und Stellenringen 1970. 88 Seiten – 8° – M 10,80

Heft 4 Prof. Dr. med. Rolf Emmrich, Hochdruck und Hyperlipidämie (Hypercholesterinämie) als Risikofaktoren für die Entstehung der Arteriosklerose 1971. 23 Seiten – 10 Abbildungen – 4 Tabellen – 8° – M 3,90

Heft 5 Prof. Dr. Hans Drischel, Biologische Rhythmen 1972. 57 Seiten – 31 Abbildungen – 1 Tabelle – 8° – M 6,60

Heft 6 Prof. Dr.-Ing. Dr. h. c. Kurt Schwabe, Konzentrierte Elektrolytlösungen – Thermodynamische und kinetische Eigenschaften 1972. 49 Seiten – 27 Abbildungen – 2 Tabellen – 8° – M 7,50

Heft 7 Prof. Dr. Wolfgang Tutschke, Konstruktion von globalen Lösungen mit vorgeschriebenen Singularitäten bei partiellen komplexen Differentialgleichungssystemen 1972. 24 Seiten – 8° – M 4,50

Band 110

Heft 1 Prof. Dr. h. c. Paul Görlich, Über die Laser und ihre Anwendung 1972. 24 Seiten – 8° – M 2,30

Heft 2 Prof. Dr. Hasso Essbach, Zum Problem der Tumoren im Kindesalter 1972. 24 Seiten – 11 Abbildungen auf 10 Kunstdrucktafeln – 8° – M 6,–

Heft 3 Prof. Dr. med. Walter Brednow, Zur Anthropologie des Schwindels 1973. 17 Seiten – 2 Abbildungen auf 2 Kunstdrucktafeln – 8° – M 2,50

Heft 4 Prof. Dr. h. c. Paul Görlich, Betrachtungen über den Wissenschaftlichen Gerätebau 1972. 39 Seiten – 8° – M 3,–

Heft 5 Prof. Dr. Erich Rammler, Einige Betrachtungen über Erdgas 1974. 43 Seiten – 8 Abbildungen – 3 Tabellen – 8° – M 4,50

Heft 6 Prof. Dr. Gustav E. R. Schulze, Zur Rolle des Einfachheitsprinzips im physikalischen Weltbild 1974. 23 Seiten – 4 Abbildungen – 8° – M 2,50

Heft 7 Prof. Dr. med. Rolf Emmrich, Zwischen Leben und Tod. Ärztliche Probleme der Thanatologie 1974. 22 Seiten – 2 Abbildungen – 4 Tabellen – 8° – M 3,50

Band 111

Heft 1 Prof. Dr. Wilhelm Maier, Vom Erbe Bernhard Riemanns 1975. 16 Seiten – 8° – M 2,50

Heft 2 Prof. Dr. med. Hans Drischel, Organismus und geophysikalische Umwelt 1975. 50 Seiten – 25 Abbildungen – 1 Tabelle – 8° – M 7,–

Heft 3 Prof. Dr. Maria Hasse, Zum Begriff des allgemeinen Produkts von Kategorien 1975. 32 Seiten – 8° – M 5,–

ISSN 0371-327X

SITZUNGSBERICHTE DER SÄCHSISCHEN AKADEMIE
DER WISSENSCHAFTEN ZU LEIPZIG

Mathematisch-naturwissenschaftliche Klasse
Band 115 · Heft 5

HERBERT KRUG

DIE TECHNOLOGIE DER BRIKETTIERUNG VON WEICHBRAUNKOHLE IM LICHTE DER VERFAHRENSTECHNIK UND DER BESSEREN NUTZUNG DIESES ENERGIETRÄGERS

Mit 13 Abbildungen

AKADEMIE-VERLAG · BERLIN

1982

Vorgetragen in der Sitzung am 8. Febraur 1980
Manuskript eingeliefert am 23. Juli 1980
Druckfertig erklärt am 10. April 1982

Erschienen im Akademie-Verlag, DDR-1086 Berlin
Leipziger Straße 3—4

Lizenznummer: 202 · 100/511/82
Gesamtherstellung: VEB Druckhaus „Maxim Gorki", 7400 Altenburg
Bestellnummer: 762 992 2 (2027/115/5) · LSV 3145
Printed in GDR
DDR 3,— M

SITZUNGSBERICHTE DER SÄCHSISCHEN AKADEMIE DER WISSENSCHAFTEN ZU LEIPZIG

BAND 115

MATHEMATISCH-NATURWISSENSCHAFTLICHE KLASSE

AKADEMIE-VERLAG · BERLIN

1981—1982

Lizenznummer: 202 · 100/511/82
Satz und Druck: VEB Druckhaus „Maxim Gorki",
DDR - 7400 Altenburg
Printed in GDR

INHALT

Heft 1 *Berg, Hermann:* Wilhelm Ostwald — Erkenntnisse über die Biosphäre. 1981. 36 S., 7 Abb., davon 3 auf 3 Taf., 3 Tab.

Heft 2 *Dörter, Klaus:* Aphorismen zur Qualität des Bewässerungswassers. 1981. 31 S., 11 Abb., 11 Tab.

Heft 3 *Görlich, Paul:* Die geschichtliche Entwicklung des wissenschaftlichen Gerätebaus und seine zukünftige Bedeutung. 1981. 36 S.

Heft 4 *Buchheim, Wolfgang:* Albert Einstein als Wegbereiter nachklassischer Physik. 1981. 29 S.

Heft 5 *Krug, Herbert:* Die Technologie der Brikettierung von Weichbraunkohle im Lichte der Verfahrenstechnik und der besseren Nutzung dieses Energieträgers. 1982. 20 S., 13 Abb.

Heft 6 *Neef, Ernst:* Der Verlust der Anschaulichkeit in der Geographie und das Problem der Kulturlandschaft. 1981. 34 S.

Indem mir heute als einem jüngst gewählten Mitglied unserer Akademie die Ehre zuteil wird vorzutragen, stehe ich auf Grund meines Arbeitsgebietes vor der Aufgabe, über eine technisch-technologische Thematik zu berichten. Es sei mir gestattet, hierzu aus dem großen Gebiet der Brennstofftechnik die in unserer Republik nach wie vor in volkswirtschaftlichem Umfange praktizierte Brikettierung von Weichbraunkohlen heranzuziehen. Dieses bis auf den heutigen Tag bewährte und in seinem Leistungsvermögen zwar ständig gesteigerte, aber noch keineswegs ausgeschöpfte Verfahren hat eine 120jährige Geschichte. Dennoch muß festgestellt werden, daß es in seiner Struktur nur wenigen bekannt ist, andererseits hier und da als abgegriffen und problemlos hingestellt oder auf der Jagd nach Edelenergien als überholt bzw. vor dem faszinierenden Bild der elektronischen Komponente unserer Zeit als generell museal angesehen wird.

Freilich offenbart sich, wenn man die Altersstruktur unserer Brikettfabriken betrachtet, ein Altenteil wie in kaum einem anderen Industriezweig. Im Jahre 1976 waren die Brikettfabriken, die nach 1945 errichtet wurden, mit 43,3% an der Gesamtproduktion von ca. $48{,}5 \cdot 10^6$ t beteiligt, so daß also noch mehr als die Hälfte der Produktion aus älteren Anlagen kam, deren Leistungsfähigkeit durch planmäßige Rekonstruktionsmaßnahmen erhalten werden konnte. Man sollte jedoch nicht nur das Alter sehen, sondern gleichzeitig daran denken, daß diese Anlagen ihre technisch-ökonomische Bewährung schon mehrfach bestanden haben und dennoch rund um die Uhr zur Deckung unseres Energiebedarfes in einem beträchtlichen Umfange zuverlässig beitragen. Ich möchte auch nicht darüber hinwegsehen, daß unsere Brikettfabriken mit ihren Staubemissionen zu den industriellen Verschmutzern der Umwelt gehören und trotz vielfältiger Maßnahmen der letzten Jahrzehnte noch nicht den bestmöglichen Stand erreicht haben, auch wenn die weitaus meisten Anlagen die als obere Grenze vorgegebenen MEK-Werte (Maximale Emissionskonzentrations-Werte) unterschreiten. Dies alles sind Faktoren, die zur Ansichts- oder gar Urteilsbildung über unsere Braunkohlenbrikettfabriken für Nah- und Fernstehende in unterschiedlicher Weise beitragen. Es geht jedoch hier — wie in vielen anderen Fällen auch — darum, falschen Einordnungen nach der einen wie der anderen Seite vorzubeugen und die Dinge in ihren realen Zusammenhängen zu erkennen, um sichere Entwicklungsschritte gehen zu können.

Bevor wir die innere Struktur und die Aktivitäten ihrer Elemente einer solchen Kohleveredlungsanlage betrachten, möchte ich mir erlauben, einige Grundbegriffe der Technikwissenschaft in Erinnerung zu rufen. Unter „Technik“ soll in erster Näherung die Gesamtheit der materiellen Mittel und Verfahren verstanden werden, die imstande sind, die Produktivität der menschlichen Arbeit quantitativ und qualitativ zu erhöhen. Im Laufe einer langen geschichtlichen Entwicklung, die im 18. Jahrhundert besonders starke Impulse erfuhr, haben sich Anzahl und Art der materiellen Mittel und Verfahren sowie die Varianten ihrer zweckmäßigen wie effektiven Kopplungen auf induktivem wie deduktivem Wege gewaltig erhöht, so daß der Boden für die Herausbildung einer neuen technischen Disziplin fruchtbar wurde. Der mit mathematischen und naturwissenschaftlichen Kenntnissen ausgerüstete Kameralwissenschaftler BECKMANN, 1739 in Hoya/Weser geboren, 1763 auf einen Lehrstuhl nach Petersburg und 1766 auf einen solchen für Philosophie (ab 1770 Ökonomie) nach Göttingen berufen, untersuchte die zu seiner Zeit bereits vielfältigen Gewerbe und gliederte sie, nach Übersichtlichkeit und Systematik strebend, nach sogenannten „Hauptverrichtungen“, aus denen später die „Grundoperationen“ der Stoffwandlungen hervorgingen. Im Jahre 1772 — so nach den Aussagen der Historiker — gebrauchte er für die gezielte Durchführung von Stoffwandlungen bewußt den Begriff „Technologie“, wofür man ihm die Priorität zuspricht, und ihn demzufolge als „Vater der Technologie“ bezeichnet. Nach ihm [1] ist die Technologie die Wissenschaft von den technischen Verfahren zur Verarbeitung von Naturalien für die Herstellung von Produkten. MARX [2] definiert sie als planmäßige und je nach dem bezweckten Nutzeffekt systematische Anwendung der Naturwissenschaft auf die Produktionsprozesse. Damit ist die Technologie wohl eindeutig als Ingenieur- oder Technikwissenschaft klassifiziert. Unter Technologie im allgemeinen Sinne verstehen wir heute die Wissenschaft von den naturwissenschaftlich-technischen Gesetzmäßigkeiten der Produktionsprozesse. In den einzelnen Produktionsprozessen tritt uns die Technologie in ihren speziellen Formen entgegen, so daß unter spezieller Technologie — man spricht in diesen Fällen auch von Verfahrenstechnologie bzw. Erzeugnistechnologie — in vereinfachender Weise oft nur der Entwurf und die verflechtende Zusammenfassung der einzelnen für einen Produktions- oder Fertigungsablauf notwendigen Grundoperationen oder Arbeitsgänge verstanden werden. Die nähere Untersuchung der Grundoperationen ließ den „Prozeßcharakter“ von Stoffwandlungsvorgängen deutlich werden, deren wissenschaftliche Durchleuchtung zu einer unabdingbaren Forderung für das bestmögliche Gelingen des Produktionsablaufes wurde. Das galt und gilt sowohl für Stoffumwandlungen auf chemischem oder biochemischem Wege als auch für Stoffveränderungen, die durch mechanische, thermische oder andere physikalische Einwirkungen verursacht werden. Die Umwandlungen und Veränderungen von stofflichen Substanzen fassen wir unter dem Begriff „Stoffwandlungen" zusammen, deren technisch-technologische Vorbereitung und Durchführung im industriellen Maßstab Gegenstand der Verfahrenstechnik ist, wobei wir die energetische Versorgung verfahrenstechnischer Systeme und die Aufgaben der Umweltschutztechnik bewußt mit einbeziehen.

Die vertiefte wissenschaftliche Durchdringung der Stoffwandlungsvorgänge führte u. a. dazu, daß die Bezeichnung „Grundoperation" dem Wesen der Sache nicht mehr ausreichend entsprach und deshalb in den letzten zwei Jahrzehnten immer mehr in den aussagekräftigeren Begriff „Makroprozesse" überführt wurde. Zum Beispiel stellt eine in Betrieb befindliche Zerkleinerungsmaschine eine Grundausrüstung dar, in welcher sich der Makroprozeß „Zerkleinern" vollzieht. Der Zerkleinerungserfolg, quantifiziert z. B. mit Hilfe von Feinheitskennziffern des Aufgabe- und Austragsgutes, ist wiederum das Ergebnis zahlreicher Bruchvorgänge, die sich an einzelnen Körnchen, die als Körnerkollektiv im Wirkungsraum der Mühle auftreten, vollziehen. Diese stoffwandelnden Vorgänge an Massen- bzw. Volumenelementen, an feinsten Tröpfchen oder auch Gasblasen werden im Sinne der Verfahrenstechnik als „Mikroprozesse" bezeichnet, die wiederum auf Elementarvorgängen beruhen, die im Bereich von mizellaren Gebilden, Makromolekülen oder Molekülen ablaufen. Hieran wird deutlich, daß die Beherrschung und das Finden verbesserter bzw. hin und wieder auch neuer Technologien der Stoffwandlung die ständige, angestrengte und auch verständnisvolle Zusammenarbeit von Naturwissenschaftlern und Technikern verlangt.

Unter dem Aspekt dieser einführenden Bemerkungen möchte ich mich nunmehr der Struktur einer Braunkohlenbrikettfabrik zuwenden. Abb. 1 läßt diese als schematische Darstellung erkennen und gibt zugleich auch die Kopplung mit einem Kraftwerk an. Auf diese energetisch außerordentlich vorteilhafte Verflechtung wird später noch etwas näher eingegangen.

Die Anlage gliedert sich in die Betriebsabschnitte Rohkohlenaufbereitung — Trocknung — Trockenkohlenbehandlung — Pressung — Brikettbehandlung und Verladung, die im verfahrentechnischen Sinne Teilanlagen darstellen, in denen Verfahrensstufen realisiert werden. Die Bezeichnungen der Betriebsabschnitte entsprechen einem Fachbereichsstandard (TGL 100-6028), der in umfassender Weise die Begriffe für Braunkohlenbrikettfabriken seit März 1974 verbindlich regelt. Die Aufgabe der in Reihe geschalteten Betriebsabschnitte besteht darin, den Einsatzstoff „Rohbraunkohle", der je nach der vordergründigen Betrachtungsweise einen fossilen Kohlenstoffträger bzw. einen Primärenergieträger darstellt, mit Hilfe der in ihnen installierten Grundausrüstungen schrittweise vom Anlieferungszustand in Braunkohlenbriketts,

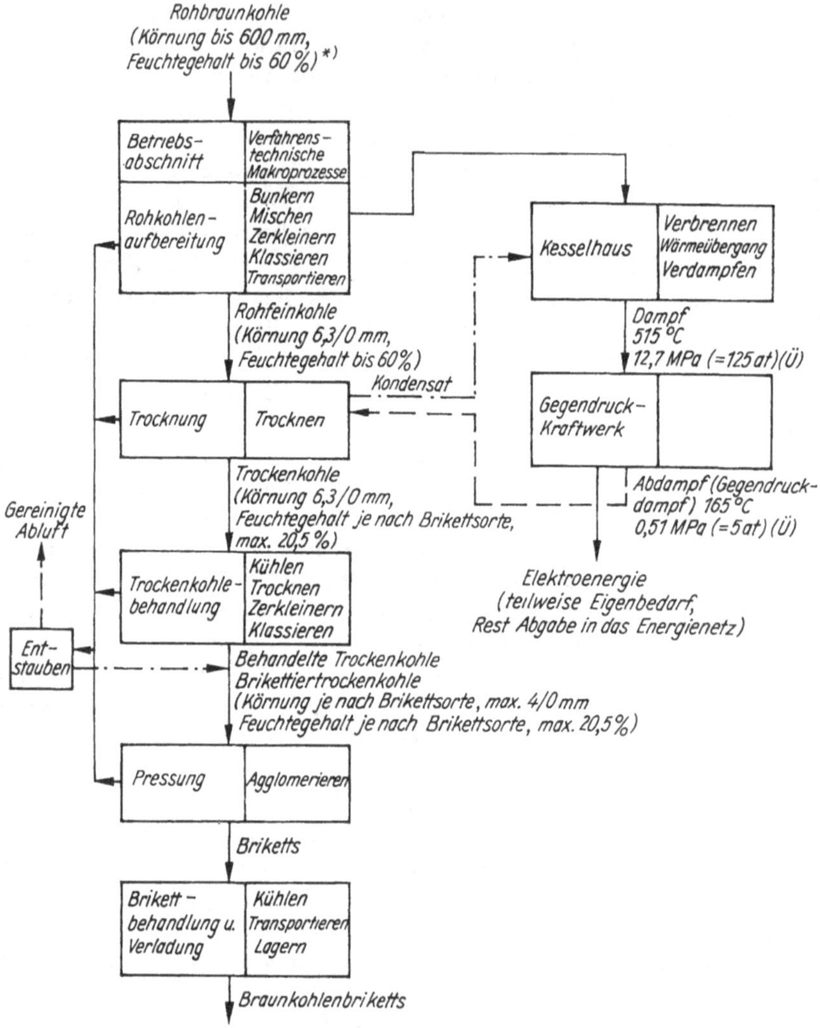

Abb. 1: Blockschema einer Braunkohlenbrikettfabrik (einschl. Kraftwerk)

*) bezogen auf Feuchtgut

d. h., in einen nahezu gleichstückigen, festen Brennstoff mit deutlich erhöhtem Heizwert, zu überführen. Die Stoffwandlung — wie eingangs erläutert der Gegenstand der Verfahrenstechnik — tritt uns hier als mechanisch-thermische Stoffveränderung entgegen. Auch das aus dem Verfahren hervorgehende Endprodukt „Braunkohlenbrikett" ist nicht nur Energieträger, genauer eingeordnet „Gebrauchsenergieträger"; es stellt gleichzeitig mit seinem erhöhten Gebrauchswert das Einsatzgut für weiterführende Veredlungsverfahren wie Verkokung, Schwelung und Vergasung, dar, die Etappen auf dem Wege seiner mehr oder weniger weitreichenden stofflichen Nutzung sind. In diesem Sinne ist das Braunkohlenbrikett ein technisches Zwischenprodukt, das für die technische Herstellung weiterer Stoffe von grundlegender Bedeutung ist und damit auch als „Grundstoff" angesehen werden kann. Im Betriebsabschnitt Rohkohlenaufbereitung dominieren die Makroprozesse Zerkleinern und Klassieren — wobei es sich ausschließlich um Siebklassierungen handelt — um die Rohbraunkohle mit ihrem weitreichenden Korngrößenspektrum in die gewünschte Körnung erhöhter Feinheit zu überführen. Hierzu nutzt man die jeweils zweck-

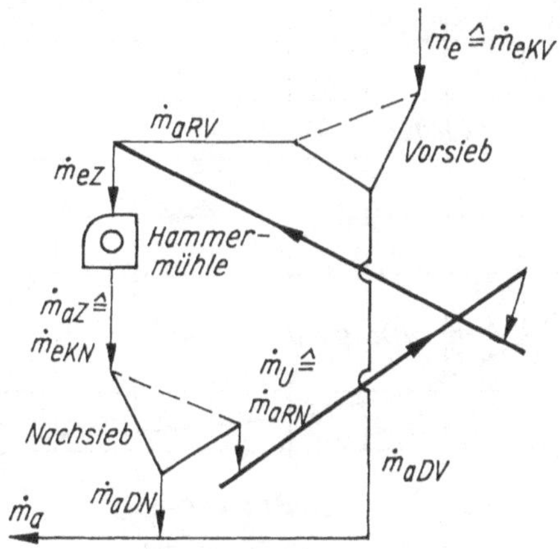

Abb. 2: Massenströme in einer geschlossenen Kreislaufschaltung
(Vorsieb außerhalb des KL, Nachsieb im Kl)

mäßigsten Varianten der Anordnungen und Schaltungen von Zerkleinerungsmaschinen — zumeist sog. Hammermühlen — und Siebmaschinen. Eine typische und in vielen Anlagen anzutreffende Schaltung zur sicheren Gewährleistung der gewünschten Körnung ist die sog. Kreislaufschaltung zwischen Zerkleinerungs- und Siebmaschine.

Abb. 2 zeigt eine Schaltung mit Vorsieb außerhalb des Kreislaufes und einem Nachsieb im Kreislauf.

Eine nähere Betrachtung der gekoppelten Zerkleinerung und Siebung zeigt, daß mit der Erhöhung der Körnungsfeinheit die Vergrößerung der idealisierten spezifischen Gutoberfläche — ausgedrückt im m^2/kg — erreicht wird, wobei man für die einzelnen Körner näherungsweise Kugelgestalt und für die Kohlensubstanz eine Rohdichte von 1 g/cm^3 annimmt. Der Zuwachs an spezifischer

Oberfläche ist ein gutes Maß für den tatsächlich erreichten Zerkleinerungserfolg. Die Größe der spezifischen Oberfläche und damit auch die in den Zerkleinerungsmaschinen durch ungezählte Bruchvorgänge in Körnerkollektiven in einer Zeiteinheit neu erzeugte Oberfläche hängt in entscheidendem Maße von der Korngrößenverteilung innerhalb einer Körnung ab. Je größer die Massenanteile (Fraktionen) der Körner anwachsen, die innerhalb der gesamten Korngrößenskala des Gekörns den Korngrößenklassen mit den kleinsten Korngrößen

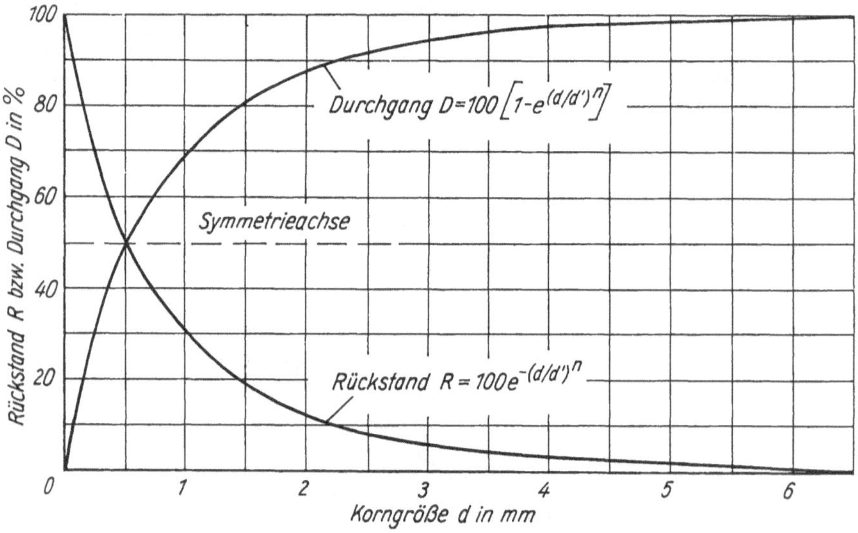

Abb. 3: Korngrößenverteilungsfunktion nach ROSIN, RAMMLER, SPERLING (RRS-Funktion)

(Summenkennlinie einer Rohfeinkohle in Rückstands- und Durchgangsform)

zugeordnet sind, um so größer ist die das Gekörn charakterisierende Oberfläche. Es ist Tatsache, daß bei genügend intensiver Zerkleinerung die durch Korngrößen nicht besetzten Stellen der möglichen Kornabmessungen hinreichend klein werden, so daß das Körnungsband als quasi stetig angesehen und bei der mathematischen Erfassung des Sachverhaltes von einem Kontinuum ausgegangen werden kann. Abb. 3 zeigt die Summenkennlinie (Korngrößenverteilungsfunktion) für eine lufttrockene Rohfeinkohle als Durchgangs- bzw. Rückstandskennlinie.

Für den Verlauf dieser durch die Korngrößenverteilung geprägten Kurven fanden ROSIN und RAMMLER [3] einerseits und SPERLING andererseits eine Exponentialfunktion, die im Bild für den Siebdurchgang D wie auch für den Siebrückstand R angegeben ist. Durch doppeltes Logarithmieren erhält man den Ausdruck einer Geraden, die — falls der exponentielle Zusammenhang gegeben ist — in einem Spezialpapier leicht zu ermitteln ist, wenn die siebanalytischen Werte in dieses eingetragen und verbunden werden. Mit Hilfe von Randmaßstäben läßt sich in diesem Papier u. a. auch die idealisierte, spezifische Oberfläche der Körnung ermitteln, die für die folgende Trocknung der Rohfeinkohle von gravierender Bedeutung ist. Bevor auf diese eingegangen wird, soll noch darauf hingewiesen werden, daß durch Veränderungen der stofflichen Merkmale der Kohle in den künftig zu erschließenden Lagerstätten

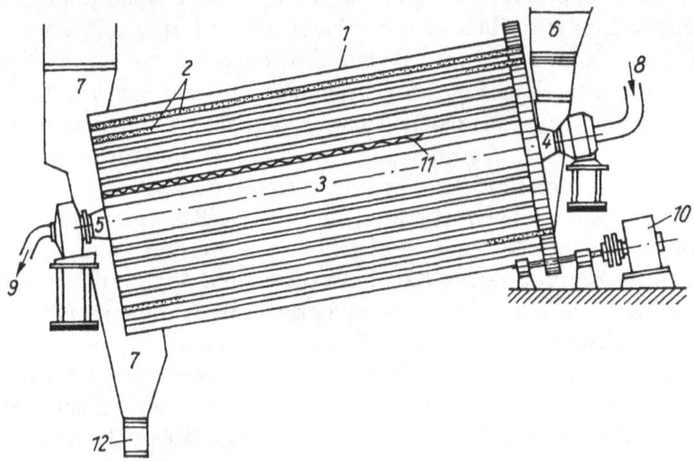

Abb. 4.: Schematische Darstellung eines Röhrentrockners

1 — Trocknermantel, *2* — Trocknerrohre, *3* — Standrohr, *4* — oberer (vorderer) Hohlzapfen, *5* — unterer (hinterer) Hohlzapfen, *6* — Aufgabetrichter, *7* — Ausfallgehäuse mit Abzugsschlot, *8* — Dampfzuleitung, *9* — Kondensatabflußrohr, *10* — Trocknerantrieb, *11* — Wendeleisten in den Trocknerrohren, *12* — Austragsvorrichtung

(Anwachsen des Aschegehaltes und der Härte, Schwankungen der petrologischen Komponenten) die Herstellung bestmöglicher Kohlengemische immer dringlicher wird.

Zur Trocknung der Rohfeinkohle, d. h. zur Reduzierung ihres Feuchtegehaltes von etwa 54 bis 60% auf einen von der Brikettsorte abhängenden Restfeuchtegehalt zwischen 20 und 11% sind in unseren Brikettfabriken in überwiegendem Maße Röhrentrockner, die in die Gruppe der Kontakttrockner gehören, eingesetzt.

Abb. 4 läßt erkennen, daß die Kohle auf ihrem Wege durch die in großer Zahl in der geneigten und rotierenden Trocknertrommel installierten, verhältnismäßig engen Trocknerrohre, die an ihrer Außenseite von Wasserdampf umströmt werden, trocknet. Dabei steht sie im ständigen, wenn auch wechselndem Kontakt mit den heißen Innenflächen der Trocknerrohre, nimmt Wärme vorwiegend auf dem Wege der Leitung auf und gibt das verdunstete Wasser an die Trocknungsluft ab, die im Gleichstrom mit der Kohle die Trocknerrohre durchströmt und mit Wasserdampf angereichert und etwas feinem Kohlenstaub beladen, als sog. Brüden den Trockner verläßt, um nach Entstaubung aus einem Schlot in die Atmosphäre zu entweichen. In einem modernen Großröhrentrockner sind in Gestalt von rd. 1600 Trocknerrohren reichlich 4000 m^2 Heizfläche installiert. Bei einer spezifischen Wasserverdunstung von 7 $kg/m^2 \cdot h$ verdunstet ein solcher Trockner also 28 t/h. Bei voller Ausnutzung dieser Kapazität können ihm stündlich 56 t Rohfeinkohle mit einem Wassergehalt von 60% aufgegeben werden, woraus 28 t/h Trockenkohle mit einem Restwassergehalt von 20% entstehen. Es handelt sich also um sehr leistungsfähige Aggregate, die auch den internationalen Entwicklungsstand bestimmen. Als Trocknungsmittel (Heizmittel, Energieträger) wird aus Dampfturbinen kommender Abdampf benutzt, der dort bereits unter Entspannung und Temperaturabsenkung mechanische Arbeit leistete, die an den Klemmen des zugehörigen Generators als elektrische Energie abgenommen werden kann, und nunmehr in der Trocknertrommel unter Kondensation seine Verdampfungswärme abgibt. Diese beträchtliche Wärmemenge, die im Kondensationsbetrieb der öffentlichen Kraftwerke zum größten Teil an die Umgebung verloren geht, wird hier gut genutzt und muß nicht als Verlustwärme der Stromerzeugung angelastet werden. Das hat zur Folge, daß wir für eine in einem solchen „Gegendruckkraftwerk" erzeugte Kilowattstunde nur etwa 5000 kJ an Wärmeenergie einsetzen müssen, während die entsprechende Kennziffer in unseren Kondensationskraftwerken im Durchschnitt bei ca. 12000 kJ/kWh liegt. Es ist ein weltweiter Trend, die Vorteile einer solchen „Wärme-Kraft-Kopplung" viel stärker als bisher zu nutzen.

In trocknungstechnischer Hinsicht gehören unsere Weichbraunkohlen in die Gruppe der kapillar-porösen Güter, die mit fortschreitender Trocknung hygroskopische Eigenschaften zeigen. Abb. 5 zeigt den für solche Güter typischen Verlauf der Trocknungsgeschwindigkeit dX/dt über dem absoluten Feuchtegehalt X (konstante äußere Bedingungen).

Im I. Trocknungsabschnitt, der die höchste und nahezu konstante Trocknungsgeschwindigkeit aufweist, verdunstet das Wasser an der feuchten Oberfläche der einzelnen Kohlekörner, die dabei durch hinreichend schnellen Nachschub von Flüssigkeit aus dem Inneren des Kornes feucht bleibt. Sinkt die Nachschubgeschwindigkeit auf Grund der Transportwiderstände und der hygroskopischen Einflüsse, so verlagert sich der Ort der Verdunstung in das Innere der Körner, wobei die Trocknungsgeschwindigkeit selbst beträchtlich zurückgeht. Trocknungsgüter mit großen spezifischen Oberflächen sind hier eindeutig im Vorteil; einmal kann die Oberfläche im Sinne der Verdunstung als leistungsfähigste Reaktionsfläche angesehen werden und zum anderen befindet sich der Feuchteanteil in einem Korn mit geringem Durchmesser in der Nähe der Kornoberfläche. Den Trocknungsvorgang vorwiegend im Abschnitt I ablaufen zu lassen, bedeutet nicht nur hohe Trocknungsgeschwindigkeit und damit hohen Massendurchsatz durch den Trockner, sondern auch sparsamen Umgang mit Wärmeenergie. Unter Einschluß aller wärmebindenden Begleiterscheinungen und Verluste liegt der spezifische Wärmebedarf der Röhrentrockner bei etwa 3000 kJ/kg aufgetrocknetes Wasser. Das ist eine sehr günstige Kennziffer, die auf Grund langjähriger und intensiver Forschungsarbeiten letztlich erreicht werden konnte. Ihnen wird sicher bekannt sein, daß

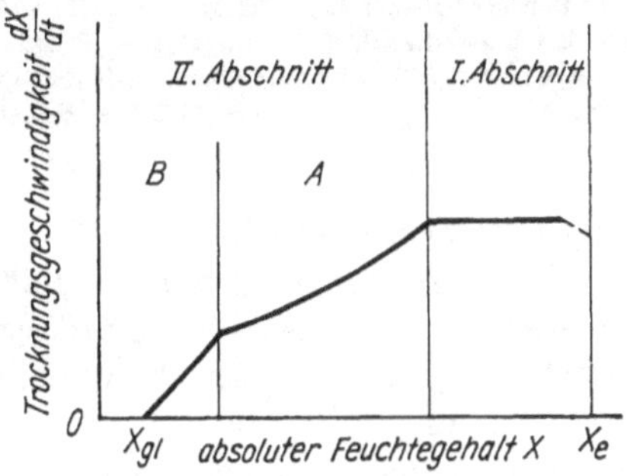

Abb. 5: Verlauf der Trocknungsgeschwindigkeit für Weichbraunkohle (hygroskop. kapillarporöses Gut), konstante äußere Bedingungen

X_{gl}: Gleichgewichtsfeuchtegehalt (abs.)

die Versuche zur Nutzung der noch in den Brüden enthaltenen Abwärme erfolgreich verlaufen. Durch die Senkung des Rohkohlenwassergehaltes auf den in der Brikettierkohle verbleibenden Restfeuchtegehalt steigt ihr Heizwert von etwa 8400 kJ/kg (Rohkohle) auf ca. 20000 kJ/kg (Briketts), so daß eine echte Gebrauchswertsteigerung eintritt und ein wesentliches Merkmal der Veredlungsstufe „Braunkohlenbrikettierung" erfüllt wird.

Die aus den Trocknern austretende Kohle bedarf einer weiteren Behandlung, insbesondere der Kühlung. Hierfür erweist sich die Nachverdunstung von etwa 1…2% des Restfeuchtegehaltes außerhalb des Trockners unter Nutzung von Wärme, die dem Gut im Trockner übertragen wurde, als besonders wirksam. Zur Gewährleistung der endgültigen Brikettierkohlenfeinheit und der Einschränkung der Feuchtegehaltsspanne zwischen feinster und gröbster Fraktion, können Nachzerkleinerung und Nachtrocknung der groben Anteile erforderlich werden.

Nach Zumischung des in den Staubabscheidern trocken zurückgewonnenen Staubes gelangt die Brikettiertrockenkohle in den Betriebsabschnitt „Pres-

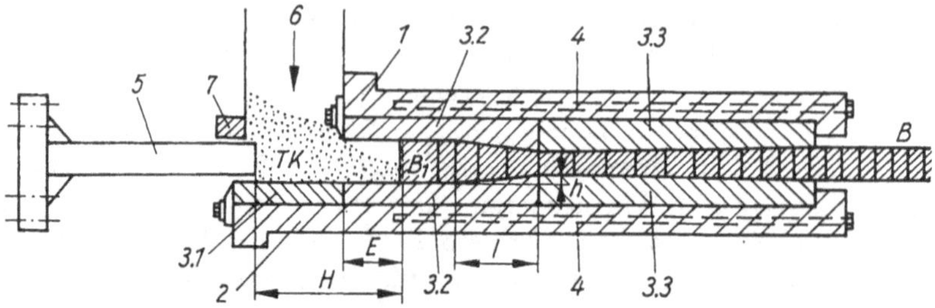

Abb. 6: Brikettformzeug der Formkanalstempelpresse (Strangpresse). Normalform mit Hakenkühlung

1 — oberer Formhaken, *2* — Unterer Formhaken, *3* — Schwalbung, *3.1* — Führungsstück, *3.2* — Arbeitsstück, *3.3* — Auslaufstück, *4* — Kühlwasserkanal, *5* — Stempel, *6* — Füllschacht, *7* — Stempelabdichtung, *H* — Hublänge, *E* — Stempeleintauchtiefe, *l* — Länge der Formkanalverengung, *h* — Höhe der Formkanalverengung, *B* — Brikettstrang, B_1 — Primärbrikett, *TK* — Brikettiertrockenkohle

sung", wo sie in Formkanalstempelpressen — in der Praxis ist die Bezeichnung „Brikettstrangpresse" üblich — (Abb. 6) durch die mit der Preßverdichtung einhergehenden Agglomerationsvorgänge in feste Briketts bestimmter geometrischer Gestalt überführt wird, die aus dem Formkanal der Presse dicht aneinanderliegend und somit einen Strang bildend, durch die Kraft des hin und her bewegten Stempels herausgedrückt werden. Damit ist das zweite Merkmal der Veredlungsstufe Brikettierung, einen festen, nahezu gleichstückigen Brennstoff zu liefern, erfüllt. Über die mechanischen Vorgänge während der Preßverdichtung der dem Pressenstempel für jeden Arbeitshub zugeteilten polydispersen Brikettierkohlenmasse gibt das Preßdruck-Stempelweg-Diagramm (Abb. 7) eine klare Auskunft.

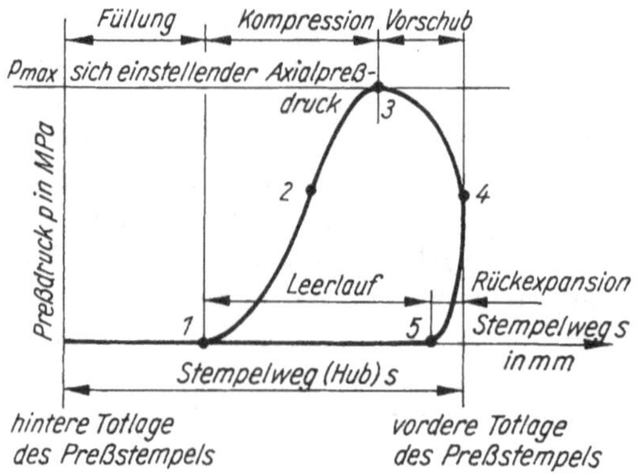

Abb. 7: Preßdruck-Stempelweg-Diagramm einer Formkanalstempelpresse (Strangpresse)

Die Diagrammlinie von *1* nach *3* kennzeichnet den Preßdruckanstieg und schließt auf Grund des elastischen Verhaltens des im Formkanal befindlichen Brikettpfropfens einen Wendepunkt (*2*) ein. Im Punkt *3* (max. Preßdruck) setzt der Vorschub des gesamten Formkanalinhaltes ein, der unter Preßdruckabfall bis zum Punkt *4* andauert. Hier tritt der Stempel seinen Rückweg (Leerhub) an, wobei einem elastischen Brikettiergut Gelegenheit zur Rückexpansion gegeben wird, so daß der Preßdruck erst im Punkt *5* den Wert Null erreicht. Diese Preßverdichtung der Brikettierkohle liefert nur dann ein festes Brikett, wenn durch sie zwischen und auch innerhalb der Kohlekörner eine genügend große Zahl fester und möglichst homogen verteilter Bindungsmechanismen ausgelöst werden, die dem Brikett als neugebildetem Körper seine Festigkeit verleihen. Über die Theorien der Braunkohlenbrikettentstehung in ihrer historischen Entwicklung bis in die Gegenwart hinein, unter besonderer Würdigung der Verdienste des Akademie-Mitgliedes Kegel, hat das Mitglied unserer Akademie, Herr Rammler, mein hochverehrter Lehrer, in der Sitzung am 17. Juni 1978, ausführlich berichtet [4]. Hieran anknüpfend darf ich bemerken, daß die in gemeinsamer Forschung stehenden Chemiker und Verfahrenstechniker immer mehr der Auffassung sind, daß im Ensemble der Bindungen neben den Van-der-Waals-Kräften die Wasserstoffbrückenbindungen dominieren, die im günstigen Einklang mit den Struktureigenschaften der Wassermoleküle zu stehen scheinen. Abb. 8 zeigt hierzu in schematischer Form einige hypothetische Vorstellungen.

Unsere oft abwertend eingeordnete Weichbraunkohle hat den bemerkenswerten Vorzug, ohne Einsatz von Bindemitteln brikettierbar zu sein. Das ihr innewohnende Bindungspotential bestmöglich auszuschöpfen oder gar anwachsen zu lassen, ist und bleibt für den auf dem Gebiet der Kohleveredlung arbeitenden Verfahrenstechniker eine wesentliche Aufgabe, wozu die aufgeschlossene Zusammenarbeit mit Chemikern wie Physikern unerläßlich ist. Diese Forderung zu erheben ist natürlich auch hier leichter, als sie zu erfüllen. Abb. 9 — Wiedergabe der Versuche an einer Laborpresse mit festem Widerlager — zeigt die Abhängigkeit der Brikettdruckgestigkeit σ_p vom Preßdruck p, wobei der Feuchtegehalt w, die Temperatur ϑ und die Körnung der Brikettiertrockenkohle als Parameter einbezogen wurden. Sowohl über dem Preßdruck als auch innerhalb der Wertegruppen der Parameter ist die Herausbildung von Maxima unterschiedlicher Lage erkennbar.

Was in diesen Bildern aber noch nicht zum Ausdruck kommt, das ist die Abhängigkeit der zahlreichen Einflußgrößen untereinander, wobei besonders darauf hinzuweisen ist, daß selbst der Preßdruck für die Formkanalstempelpresse keine frei wählbare Größe ist, sondern aus dem jeweiligen Formkanalwiderstand resultiert, der sich wiederum aus stofflichen, verfahrenstechnischen und apparativen Einflußgrößen ableitet. Der Effekt eines Brikettierparameters hängt von den Einstellwerten der übrigen Prozeßvariablen ab, so daß optimale Wertekombinationen für das Ensemble der Einflußgrößen angestrebt werden müssen. Trotz dieser Problematik gibt es ermutigende Fortschritte, wenn auf grundlegende Erkenntnisse aufgebaut werden kann. Als Beispiel hierfür möchte ich die Wirkung der Einblasung von Wasserdampf in das Brikettiergut unmittelbar vor der Preßgutverdichtung nennen.

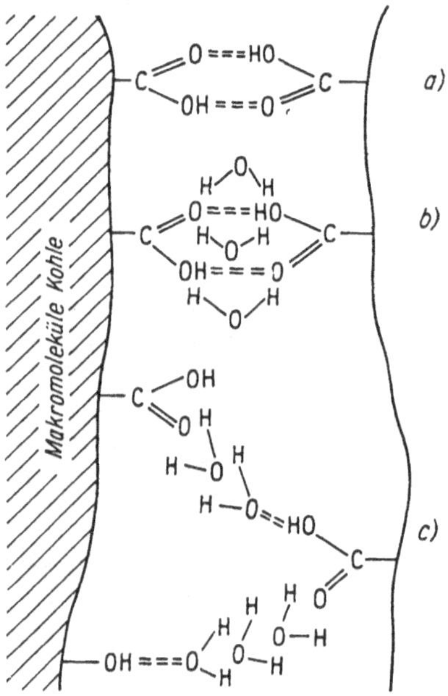

Abb. 8: Hypothetische Vorstellungen über das Wirken von Wasserstoffbrückenbindungen bei der Preßagglomeration von Weichbraunkohle

a) direkter Kraftschluß

b) durch das Dipolmolekül H_2O „stabilisierter" Kraftschluß

c) durch das Dipolmolekül H_2O „vermittelter" Kraftschluß weit entfernter Potentiale

In Abb. 10 zeigt die gestrichelte Linie an, daß die Brikettdruckfestigkeit bei einem bestimmten Feuchtegehalt der Brikettiertrockenkohle ein Maximum erreicht. Dieser sog. „optimale Feuchtegehalt" — eine frühzeitige Erkenntnis der Brikettiertechnik — hat aber relativen Charakter. Brikettiert man Trockenkohle links von diesem Feuchtegehaltswert, also mit unteroptimalem Feuchtegehalt und bläst zuvor Wasserdampf in das Gekörn ein — wodurch der Wassergehalt höchstens um 1% ansteigt, also eindeutig „unteroptimal" bleibt —, so finden wir hier ein Maximum der Festigkeit, dem ein eindeutig höherer Zahlenwert zugeordnet ist. Dieser Sachverhalt wird in der Koks-

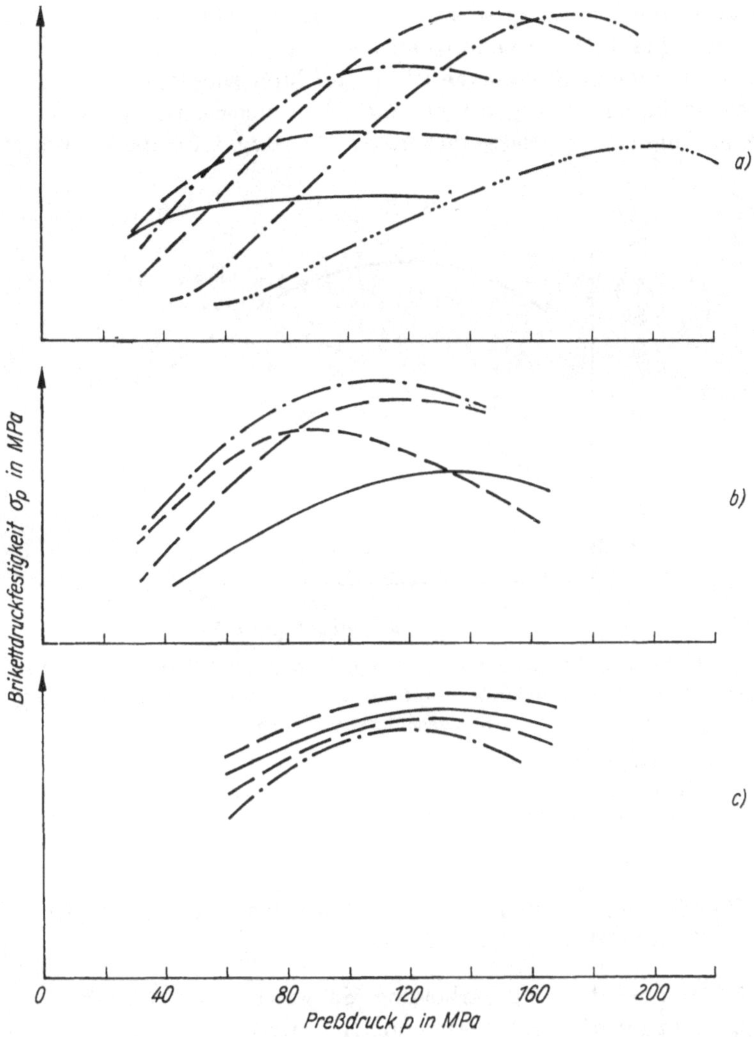

Abb. 9: Einfluß des Preßdruckes auf die Brikettdruckfestigkeit

a) $\dfrac{\sigma_p = f(p)}{\vartheta = 40\,°C}$

Körnung 4/0mm
Feuchtegehalt w der Brikettiertrockenkohle in %

———— 30   – – – – 15
—— —— 25   – · – · – 10
— — —— 20   – · · – 5

b) $\dfrac{\sigma_p = f(p)}{w = 20\%}$

Körnung 4/0 mm
Temperatur ϑ der Brikettiertrockenkohle in °C

———— 20
—— —— 40
— — —— 60
– – – – 80

c) $\dfrac{p = f(p)}{w = 20\%}$
$\vartheta = 40\,°C$

Körnung der Brikettiertrockenschale in mm

———— 4/0
—— —— 2/0
— — —— 1/0
– – – – 0,25/0

brikettfabrik des Kombinates Schwarze Pumpe praktisch genutzt, indem die erschlossene Qualitätsreserve in Quantität umgemünzt wird.

Bereits an früherer Stelle habe ich darauf hingewiesen, daß das Braunkohlenbrikett nicht nur vergegenständlichte Gebrauchsenergie darstellt, sondern ein großer Anteil dieses Massenproduktes Einsatzgut für die zweite, die ther-

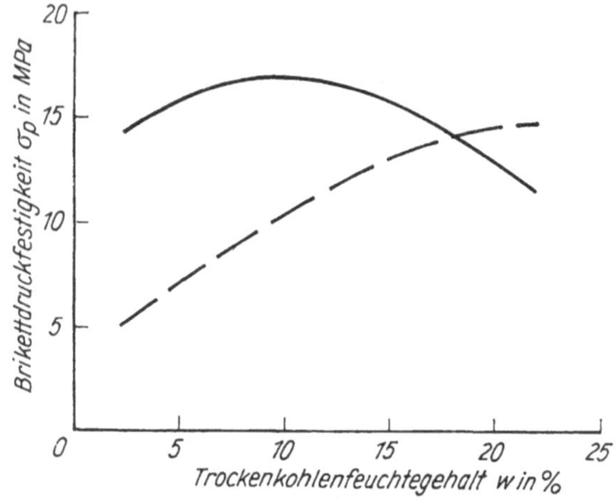

Abb. 10: Brikettdruckfestigkeit in Abhängigkeit vom Brikettiergutfeuchtegehalt mit und ohne Trockenkohlenbedampfung, hydraulisch betriebene Stempelpresse mit geschlossener Form

Preßdruck p: 100 MPa	Dampftemperatur: 140 °C
Trockenkohlenkörnung: 1/0 mm	Bedampfungszeit t in s:
Trockenkohlentemperatur: 50 °C	— -- 0 ——— 10

mische Veredlungsstufe ist. Im Jahre 1976 wurden von der Gesamtproduktion von rd. $48{,}5 \cdot 10^6$ t Braunkohlenbriketts ca.

$6{,}5 \cdot 10^6$ t für die BTT-Verkokung (Schwelerei)
$4{,}5 \cdot 10^6$ t für die BHT-Verkokung (Kokerei)
$2{,}0 \cdot 10^6$ t für die Druckvergasung

$13{,}0 \cdot 10^6$ t für die therm. Veredlung ($\triangleq$ ca. 27%)

eingesetzt. Wenn es darum geht, aus Weichbraunkohle einen hochfesten, stückigen Koks zu erzeugen, so ist eine hohe mechanische Brikettfestigkeit zwar eine unabdingbare, aber allein noch nicht ausreichende Bedingung. An ihre Seite muß grundsätzlich eine hohe Pyrolysestandfestigkeit treten. Unter

Pyrolyse verstehen wir die thermische Entgasung unter Luftabschluß. Hierbei muß das Brikett aus Braunkohle, die im Gegensatz zur Steinkohle weder Bläh- noch Backvermögen besitzt, eine kritische Phase durchlaufen, in welcher die Gefahr des Zerfalls zugunsten des einsetzenden Schrumpfungsprozesses abgewendet werden muß, weil sich allein auf diesem Wege die Stückkoksbildung vollzieht. Im BHT-Verkokungsverfahren nach Rammler und Bilkenroth, das eine technologische Pionierleistung darstellt, wird dieses Kriterium durch den Einsatz sog. Verkokungsbriketts mit sehr hoher mechanischer Festigkeit gemeistert. Da diese Festigkeit auf der sehr feinen Brikettkohlenkörnung von 1/0 mm basiert, woraus ein homogenes Brikettgefüge resultiert, ferner der Feuchtegehalt auf 11% reduziert und als Verpressungstemperatur des Brikettiergutes etwa 60°C bei Gewährleistung eines sehr hohen Preßdruckes gewählt wurden, wohnt diesem Spezialbrikett auch eine bestimmte Pyrolysefestigkeit inne, wie die Produktionspraxis täglich beweist. Anknüpfend an diesen Sachverhalt war es ein Hauptziel unserer Grundlagenforschung der letzten Jahre, ein Braunkohlenbrikett mit sehr hoher, homogen im Volumen auftretender mechanischer Festigkeit herzustellen, dem darüber hinaus die Fähigkeit verliehen wird, während der thermischen Entgasung starke Neigung zur Bildung eines festen, stückigen Koksverbandes unter Beweis zu stellen. Diese Initiativforschung ist nicht ohne Erfolg geblieben. Es erwiesen sich mehrere Wege, auf die hier nicht näher eingegangen werden kann, als gangbar. So läßt der Einsatz sog. „Verkokungshilfsmittel", wie z. B. Sulfitablauge, die Koksfestigkeit auf etwa das Doppelte ansteigen. Ich möchte betonen, daß die Zugabe dieser Substanzen zur Brikettiertrockenkohle keinesfalls zur Brikettierung mit Hilfe von Bindemitteln führt. Erfreulich ist es, daß auch ohne Zugabe von Verkokungshilfsmitteln, allein durch Anwendung spezieller Verfahrensschritte, wie z. B. die Naßaufschlußmahlung der Rohbraunkohle, aus Braunkohlenbriketts ein Koks mit mehr als vierfach erhöhter Festigkeit hergestellt werden kann, der in dieser Hinsicht den Anforderungen der extraktiven Metallurgie entspricht.

Wenn man bedenkt, daß innerhalb der Kohleveredlungsverfahren die BHT-Verkokung mit einem energetischen Wandlungsgrad von ca. 70% (Abb. 11) recht günstig abschneidet [5] und uns dieser Prozeß neben hochwertigem Koks auch Flüssigprodukte und Stadtgas liefert, so wird durch diese neuen technologischen Variantenvorschläge nicht nur die altehrwürdige Technologie der Braunkohlenbrikettierung als lohnenswert bestätigt; es werden darüber hinaus und vor allem Schritte in Richtung der besseren Nutzung unserer einheimischen Braunkohle in energetischer wie stofflicher Hinsicht getan.

Abschließend erhebt sich natürlich die Frage, ob wir nit solchen Forschungsrichtungen der real abzusehenden Entwicklung entsprechen. Nach Abb. 12 (aus Angaben des Statistischen Jahrbuches der DDR) spielen in der Primär-

Verfahren	η_{ges} in %
Brikettierung	87
BHT-Verkokung	70
Druckvergasung	50
Elektroenergieerzeugung	33
Basis: Heizwert der Braunkohle H_u = 8,38 MJ/kg	

Abb. 11: Gesamtenergetische Wirkungsgrade von Braunkohlenveredelungsverfahren nach KLOSE und HESCHEL

energiebilanz der DDR im Jahre 1976 die festen Brennstoffe mit 72% und davon die Braunkohle mit 66% die dominierende Rolle.

Selbstverständlich weist diese Bilanz eine für unser Land typische, kohlebetonte Situation aus, obwohl im letzten Jahrzehnt die Anteile des Erdöls wie des Erdgases deutlich angestiegen sind. Diese unsere Primärenergieergiebigkeit weicht deutlich von der internationalen Situation ab.

Abb.13 (rechte Seite) zeigt, daß im Jahre 1974 im Weltmaßstab die Kohle (Stein- und Braunkohle) nur mit 31% an der Deckung des Primärenergiebedarfes beteiligt war, während der Anteil von Erdöl und Erdgas zusammen 69% beträgt [6].

Faßt man die sicheren, d. h. mit der gegenwärtigen Technik gewinnbaren Vorräte (linke Bildseite) zusammen, so fällt die Vorratslage mit 6:1 zugunsten der Kohle aus. Unter Berücksichtigung der wahrscheinlichen Vorräte erhöht sich dieses Verhältnis gar auf 9:1. Damit wird klar, daß die weitere energetische Basisentwicklung auf die verstärkte Nutzung der festen fossilen Energie-

Primärenergieträger	Anteil in %
Feste Brennstoffe	72
davon Rohbraunkohle	66
Flüssige Brennstoffe (Erdöl)	19
Gasförmige Brennstoffe (Erdgas)	7
Elektroenergie aus Kernkraftwerken und Wasserkraftwerken	2
Summe:	100

Abb. 12: Primärenergiebilanz der DDR 1976

träger abzielen muß. Wir sind sicher gut beraten, wenn wir die uns verfügbaren, von der Natur ohne unser Zutun hochveredelten Energieträger Erdöl und Erdgas so effektiv wie nur möglich verwenden, d. h. vordergründig in der Stoffwirtschaft und zur Erzeugung von Treibstoffen einsetzen und gleichzeitig nach gangbaren Wegen zur immer besseren Veredlung unserer Weichbraunkohlen suchen, wobei wir sicher gut auf dem bereits Erreichten aufbauen können. Bei aller Notwendigkeit, einen großen Anteil unserer geförderten Weichbraunkohle zur Bereitstellung von Wärme- und Elektroenergie auch künftig zu verbrennen, sollte nicht der leichtfertigen Ansicht das Wort geredet werden,

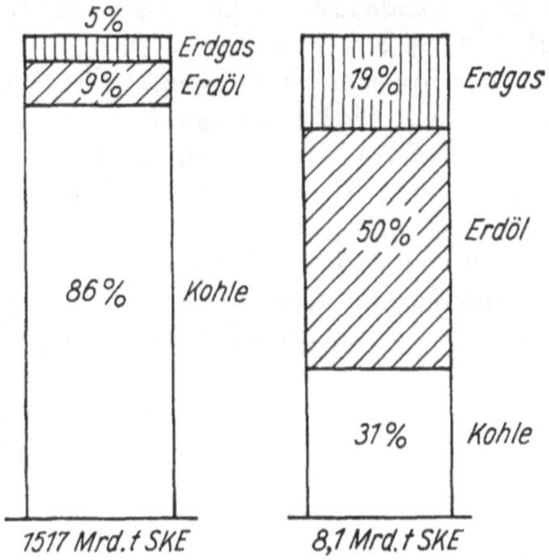

Abb. 13: Sichere Vorräte (links) und Verbrauch (rechts) an fossilen Energieträgern im Weltmaßstab 1974 (nach PETERS)

daß diese Kohle gerade gut genug zum Verbrennen sei. Da wir im eigenen Land keine Steinkohle mehr fördern können, muß ein verstärkter Import dieses Energieträgers in die Betrachtungen einbezogen werden, der in der globalen Vorratslage gegenüber der Braunkohle summarisch eindeutig dominiert, ohne die territoriale Verteilung der Lagerstätten zu übersehen. Es wird sich lohnen, wenn wir unsere Anstrengungen auch darauf richten, aus nicht oder nur schwach backenden Steinkohlen neben Flüssigprodukten und Stadtgas auch hochfeste Stückkokse zu erzeugen.

Es war mein Anliegen, mit diesen Ausführungen vor allem darauf hinzuweisen, daß auf dem Wege zur immer besseren volkswirtschaftlichen Nutzung unseres fossilen Hauptenergieträgers in energetischer wie stofflicher Hinsicht noch manches Problem zu lösen ist, das den Elan der Verfahrenstechniker wie der Naturwissenschaftler fordert.

Für ihre geduldige Aufmerksamkeit, die Sie diesem technischen Problem entgegengebracht haben, darf ich mich sehr herzlich bedanken.

Literatur

[1] BECKMANN, J.: „*Anleitung zur Technologie oder zur Kenntniß der Handwerke, Fabriken, und Manufacturen, vornehmlich derer, die mit der Landwirtschaft, Polizey und Cameralwissenschaft in nächster Verbindung stehen*“, 2. Ausgabe, Göttingen 1780, S. 17

[2] MARX, K. und ENGELS, F.: Werke Bd 23, Berlin 1962, S. 510, zitiert im Nachwort zu [1]

[3] RAMMLER, E.: „Zerkleinerungstheoretische Grundlagen des Naßdienstes von Brikettfabriken“, Teil I: „Kornaufbau und spezifische Oberfläche der Kohle“, Bergbautechnik **5** (1955) 12, S. 618–627

[4] RAMMLER, E.: „*Über die Theorien der Braunkohlenbrikettentstehung unter besonderer Würdigung der Verdienste des Akademie-Mitgliedes Karl Kegel*“, Sitzungsberichte der Sächsischen Akademie der Wissenschaften zu Leipzig, Mathematisch-naturwissenschaftliche Klasse, Band 109, Berlin 1970, Heft 1

[5] KLOSE, E. und HESCHEL, W.: „Die energetische Bewertung der Braunkohlenhochtemperaturverkokung“, Energietechnik **28** (1978) 9, S. 339–343

[6] PETERS, W.: „Die Umwandlung der Kohle in der veränderten Situation der Energieversorgung“, Chem.-Ing.-Techn. **48** (1976) 4, S. 288–294

Heft 4 Prof. Dr.-Ing. Dr. h. c. KURT SCHWABE, Analytische Probleme des Umweltschutzes
1975. 28 Seiten – 9 Abbildungen – 2 Tabellen – 8° – M 3,50

Heft 5 Prof. Dr. WOLFGANG BUCHHEIM, Die kopernikanische Wende und die Gravitation
1975. 36 Seiten – 2 Farbtafeln – 8° – M 5,–

Heft 6 Prof. Dr. HERMANN BERG, Photopolarographie und Photodynamic
1975. 19 Seiten – 2 Abbildungen – 2 Tabellen – 8° – M 3,–

Heft 7 Prof. Dr. MANFRED GERSCH, Probleme der Insektizide aus heutiger Sicht
1976. 36 Seiten – 9 Abbildungen – 2 Tabellen – 8° – M 4,–

Band 112

Heft 1 Prof. Dr. WALTER BREDNOW, Spiegel, Doppelspiegel und Spiegelungen – eine „wunderliche Symbolik" Goethes 1975. 28 Seiten – 4 Abbildungen – 8° – M 3,–

Heft 2 Prof. Dr. ARTUR LÖSCHE, Über negative absolute Temperaturen. Eine Einführung
1976. 26 Seiten – 12 Abbildungen – 8° – M 4,–

Heft 3 Prof. Dr. med. HERBERT JORDAN, Kurorttherapie: Prinzip und Probleme
1976. 31 Seiten – 10 Abbildungen – 1 Tabelle – 8° – M 4,50

Heft 4 Prof. Dr. FRIEDRICH WOLF/Dr. PETER FRÖHLICH, Zur Druckabhängigkeit von Ionenaustauschreaktionen 1977. 13 Seiten – 6 Abbildungen – 1 Tabelle – 8° – M 2,–

Heft 5 Prof. Dr. DIETRICH UHLMANN, Möglichkeiten und Grenzen einer Regenerierung geschädigter Ökosysteme 1977. 50 Seiten – 20 Abbildungen – 2 Tabellen – 8° – M 6,50

Heft 6 Prof. Dr. ERICH RAMMLER, Zwei Jahrzehnte Entwicklung des Einsatzes der Energieträger Kohle und Erdöl im Weltmaßstab 1977. 29 Seiten – 6 Abbildungen – 4 Tabellen – 8° – M 4,–

Heft 7 Prof. Dr. ULRICH FREIMUTH, Umweltprobleme in der Ernährung
1977. 32 Seiten – 3 Abbildungen – 4 Tabellen – 8° – M 4,–

Band 113

Heft 1 Prof. Dr. ERICH LANGE, Allgemeingültige Veranschaulichung des II. Hauptsatzes
1978. 22 Seiten – 10 graph. Darst. – 8° – M 4,–

Heft 2 Prof. Dr. HERBERT BECKERT, Bemerkungen zur Theorie der Stabilität
1977. 19 Seiten – 8° – M 2,50

Heft 3 Prof. Dr. sc. KLAUS DÖRTER, Probleme und Erfahrungen bei der Entwicklung einer intensiven landwirtschaftlichen Produktion im Landschaftsschutzgebiet des Harzes
1978. 20 Seiten – 6 Abbildungen, davon 4 farbige auf 2 Tafeln – 2 Tabellen – 8° – M 7,–

Heft 4 Prof. Dr. sc. med. HANS DRISCHEL, Elektromagnetische Felder und Lebewesen
1978. 31 Seiten – 14 Abbildungen – 2 Tabellen – 8° – M 5,–

Heft 5 Prof. Dr. MANFRED GERSCH, Wachstum und Wachstumsregulatoren des Krebse. Biologische Erkenntnisse und generelle Erwägungen.
1979. 32 Seiten – 13 Abbildungen – 1 Tabelle – 8° – M 6,–

Heft 6 Prof. Dr. rer. nat. FRIEDRICH WOLF / Dr. rer. nat. URSULA KOCH, Über den Einfluß der chemischen Struktur von Dispersionsfarbstoffen auf deren Dispersionsstabilität
1979. 18 Seiten – 3 Abbildungen – 10 Tabellen – 8° – M 3,50

Heft 7 Prof. Dr. rer. nat. FRIEDRICH WOLF / Dr. rer. nat. WOLFGANG HEYER, Zur Sorption an Tetracalciumaluminathydroxysalzen 1980. 12 Seiten – 5 Abbildungen – 4 Tabellen – 8° – M 2,–

Band 114

Heft 1 Prof. Dr. HASSO ESSBACH, Morphologisches zur orthologischen und pathologischen Differenzierung und zum Anpassungs- und Abwehrvermögen der menschlichen Placenta
1980. 19 Seiten – 12 Abbildungen – 8° – M 4,–

Heft 2 Prof. Dr. med. WERNER RIES, Risikofaktoren des Alterns aus klinischer Sicht
1980. 19 Seiten – 9 Abbildungen, davon 1 Abbildung auf Tafel – 8° – M 4,–

Heft 3 Prof. Dr. OTT-HEINRICH KELLER, Anschaulichkeit und Eleganz beim Alexanderschen Dualitätssatz
1980. 19 Seiten – 8° – M 4,–

Heft 4 Prof. Dr. rer. nat. BENNO PARTHIER, Die cytologische Symbiose am Beispiel der Biogenese von Zellorganellen 1981. 29 Seiten — 16 Abbildungen — 2 Tabellen — 8° — M 6,—

Heft 5 Prof. Dr. F. WOLF / Dr. S. ECKERT / Dr. M. WEISE / Dr. S. LINDAU, Untersuchungen zur Synthese und Anwendung bipolarer Ionenaustauschharze 1980. 12 Seiten — 8° — M 2,—

Heft 6 Prof. Dr. med. HERBERT JORDAN, Balneobioklimatologie — Eine Zielstellung im Mensch-Umwelt-Konzept 1981. 25 Seiten — 8 Abbildungen — 1 Tabelle — 8° — M 4,—

Band 115

Heft 1 Prof. Dr. rer. nat. HERMANN BERG, Wilhelm Ostwald — Erkenntnisse über die Biosphäre 1981. 36 Seiten — 7 Abbildungen — 3 Tabellen — 8° — M 6,—

Heft 2 Prof. Dr. sc. KLAUS DÖRTER, Aphorismen zur Qualität des Bewässerungswassers *In Vorbereitung*

Heft 3 Prof. Dr. Ing. Dr. rer. nat. h. c. PAUL GÖRLICH, Die geschichtliche Entwicklung des wissenschaftlichen Gerätebaus und seine zukünftige Bedeutung 1981. 36 Seiten — 8° — M 6,—

Heft 4 Prof. Dr. WOLFGANG BUCHHEIM, Albert Einstein als Wegbereiter nachklassischer Physik 1981. 29 Seiten — 8° — M 4,—

Heft 5 Prof. Dr.-Ing. HERBERT KRUG, Die Technologie der Brikettierung von Weichbraunkohle im Lichte der Verfahrenstechnik und der besseren Nutzung dieses Energieträgers *Vorliegendes Heft*

Heft 6 Prof. Dr. ERNST NEEF, Der Verlust der Anschaulichkeit in der Geographie und das Problem der Kulturlandschaft 1981. 34 Seiten — 8° — M 5,—

Einzel- oder Fortsetzungsbestellungen durch eine Buchhandlung erbeten

Sitzungsberichte bis Band 108
durch das Zentralantiquariat der Deutschen Demokratischen Republik, Leipzig,
ab Band 109 durch den Akademie-Verlag, Berlin, zum Teil noch lieferbar

AKADEMIE-VERLAG

DDR-1086 Berlin, Leipziger Str. 3—4

FSC
www.fsc.org
MIX
Papier | Fördert gute Waldnutzung
FSC® C083411

Zeitfracht Medien GmbH
Ferdinand-Jühlke-Straße 7
99095 Erfurt, Deutschland
produktsicherheit@kolibri360.de